上海市建筑标准设计

燃气管道设施标识应用图集

DBJT 08—132—2021

图集号：2021 沪 J111

同济大学出版社

2021 上海

图书在版编目（CIP）数据

燃气管道设计标识应用图集 / 上海市燃气管理事务中心，上海燃气工程设计研究院有限公司主编．-- 上海：同济大学出版社，2021.6

ISBN 978-7-5608-8847-7

Ⅰ．①燃…　Ⅱ．①上…　②上…　Ⅲ．①城市燃气－输气管道－设计－标识－应用－上海－图集　Ⅳ．①TU996.7

中国版本图书馆 CIP 数据核字（2021）第 105918 号

燃气管道设施标识应用图集

上海市燃气管理事务中心
上海燃气工程设计研究有限公司　主编

策划编辑　张平官
责任编辑　朱　勇
责任校对　徐春莲
封面设计　陈益平
出版发行　同济大学出版社　www.tongjipress.com.cn
（地址：上海市四平路 1239 号　邮编：200092　电话：021-65985622）
经　　销　全国各地新华书店
印　　刷　浦江求真印务有限公司
开　　本　787mm × 1092mm　1/16
印　　张　1.5
字　　数　37 000
版　　次　2021 年 6 月第 1 版　　2021 年 6 月第 1 次印刷
书　　号　ISBN 978-7-5608-8847-7
定　　价　15.00 元

上海市住房和城乡建设管理委员会文件

沪建标定〔2021〕91 号

上海市住房和城乡建设管理委员会
关于批准《燃气管道设施标识应用图集》为
上海市建筑标准设计的通知

各有关单位：

由上海市燃气管理事务中心和上海燃气工程设计研究有限公司主编的《燃气管道设施标识应用图集》，经审核，现批准为上海市建筑标准设计，统一编号为 DBJT 08—132—2021，图集号为 2021 沪 J111，自 2021 年 7 月 1 日起实施。

本标准设计由上海市住房和城乡建设管理委员会负责管理，上海市燃气管理事务中心负责解释。

特此通知。

上海市住房和城乡建设管理委员会

二〇二一年二月十九日

前 言

根据上海市住房和城乡建设管理委员会《关于印发〈2019年上海市工程建设规范、建筑标准设计编制计划〉的通知》（沪建标定〔2018〕753号）的要求，编制组在深入调研、认真总结实践经验、参考国内先进标准和广泛征求意见的基础上，编制了本图集。

本图集的主要内容有：编制说明；地上标识；地面标识；地下标识；设施标识。

各单位及相关人员在执行本图集过程中，如有意见和建议，请反馈至上海市住房和城乡建设管理委员会（地址：上海市大沽路100号；邮编：200003；E-mail：shjsbzgl@163.com）、上海市燃气管理事务中心（地址：上海市徐家汇路579号；邮编：200023；E-mail：10180112@qq.com）、上海燃气工程设计研究有限公司（地址：上海市崮山路887号；邮编：200135；E-mail：jiali.huang@shgedr.com）、上海市建筑建材业市场管理总站（地址：上海市小木桥路683号；邮编：200032；E-mail：shgcbz@163.com），以供今后修订时参考。

主 编 单 位：上海市燃气管理事务中心
上海燃气工程设计研究有限公司

参 编 单 位：上海燃气有限公司
上海天然气管网有限公司
上海燃气浦东销售有限公司
上海大众燃气有限公司
上海燃气市北销售有限公司
上海奉贤燃气有限公司

主要起草人：于　斌　刘　军　乐　翔　陆智炜　沈　良　马迎秋　黄佳丽　孙永伟
陈志强　杨雪峰　陈　佳　沈　刚　娄桂云　张迪华　邱　荣

主要审查人：张　臻　宋玉银　张　昊　张　帆　王敏敏　卢　旦　苏屹巍

燃气管道设施标识应用图集

批准部门　上海市住房和城乡建设管理委员会
主编单位　上海市燃气管理事务中心
　　　　　上海燃气工程设计研究有限公司
参编单位　上海燃气有限公司
　　　　　上海天燃气管网有限公司
　　　　　上海燃气浦东销售有限公司
　　　　　上海大众燃气有限公司
　　　　　上海燃气市北销售有限公司
　　　　　上海奉贤燃气有限公司

批准文号　沪建标定〔2021〕91号

统一编号　DBJT 08—132—2021

图集号　2021沪J111

主编单位负责人
主编单位技术负责人
技术审定人
设计负责人

目　录

编制说明

一、编制依据

1. 本图集根据上海市住房和城乡建设管理委员会《关于印发<2019年上海市工程建设规范、建筑标准设计编制计划>的通知》(沪建标定〔2018〕753号)的要求进行编制。

2. 设计所依据的规范

《漆膜颜色标准》GB/T 3181

《城镇燃气标志标准》CJJ/T 153

《燃气管道设施标识应用规程》DG/TJ 08—2012

《道路检查井通用图集》DBJT 08—119

二、编制目的

为了进一步规范本市燃气管道设施标识的设置，在总结以往设计、建设和维护经验、现实状况的基础上编制本图集。

三、适用范围

本图集适用于燃气管道设施标识的制作。

四、设计原则

以现行上海市工程建设规范《燃气管道设施标识应用规程》DG/TJ 08—2012为依据，充分发挥标识的安全警示和提示作用，保护燃气管道设施，规范本市燃气管道设施标识的设置，按照标识设置位置进行分类编制。

五、编制内容

本图集对地上标识、地面标识、地下标识和设施标识露出地面部分的基本形状、图形符号、图形尺寸、标注文字和制作材料等进行了统一规定，可供相关专业人员制作时选用。

六、使用说明

1. 本图集所注尺寸均为毫米(mm)。

2. 标识上斜体字均为可替换内容。

3. 标识上使用的字体应符合现行国家标准《信息交换用汉字编码字符集 基本集》GB 2312的有关规定。

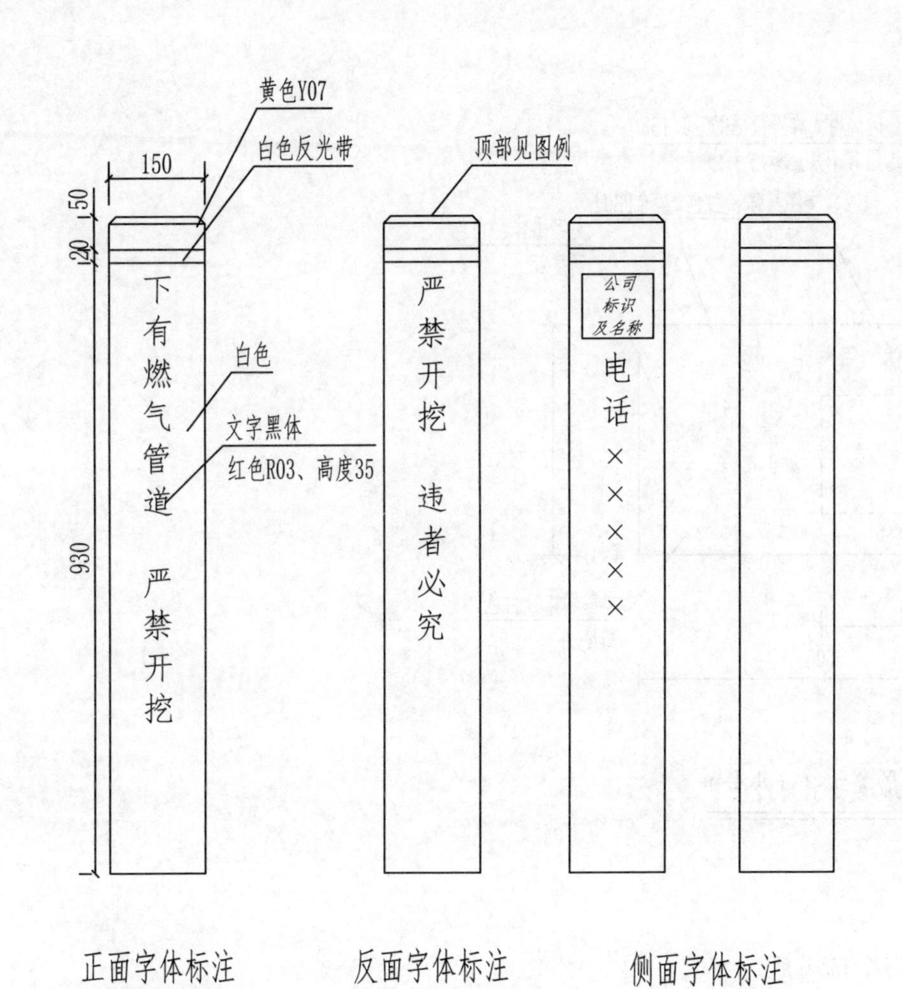

正面字体标注　　反面字体标注　　侧面字体标注

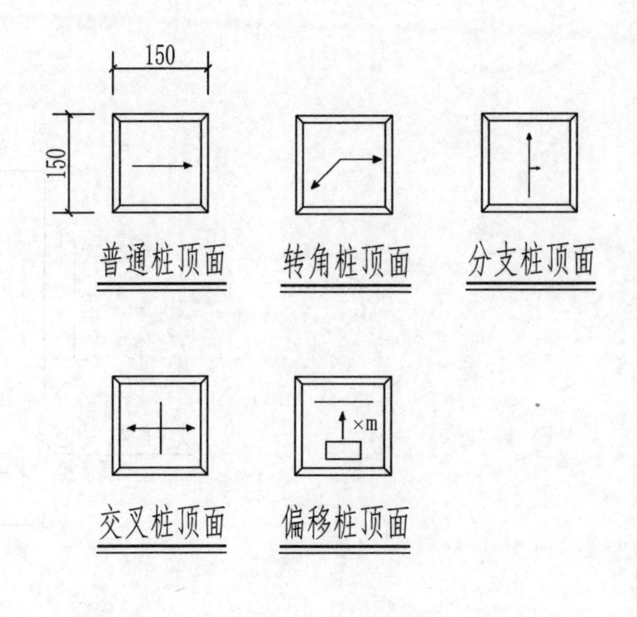

普通桩顶面　　转角桩顶面　　分支桩顶面

交叉桩顶面　　偏移桩顶面

注：1. 侧面字体标注一面为公司标识与联系电话，另一面可根据企业实际需求标注。
2. 标志桩可采用PVC、不锈钢、玻璃钢、水泥等材质。
3. 地下部分根据工程需要确定。

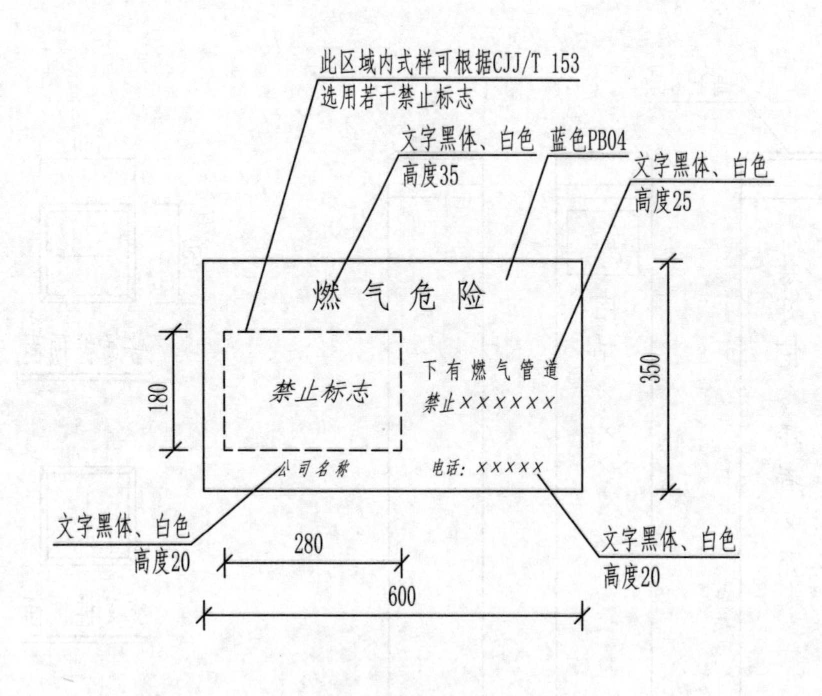

方形警示牌（小号）

注：1.材质采用不锈钢板或铝板。

2.警示牌上可根据现行行业标准《城镇燃气标志标准》CJJ/T 153选用禁止标志。

3.警示牌上“禁止××××××”可根据所选用的禁止标志标注相匹配的内容。

地上标识——方形警示牌（小号）	图集号	2021沪J111
	页	4

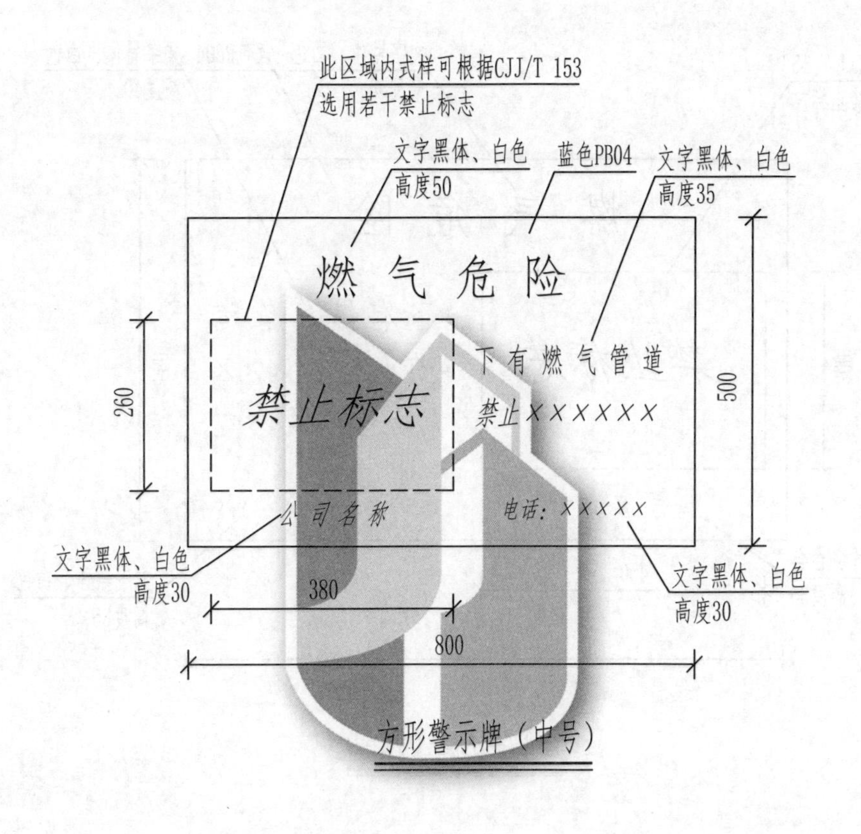

方形警示牌（中号）

注：1. 材质采用不锈钢板或铝板。

2. 警示牌上可根据现行行业标准《城镇燃气标志标准》CJJ/T 153选用禁止标志。

3. 警示牌上“禁止××××××”可根据所选用的禁止标志标注相匹配的内容。

地上标识——方形警示牌（中号）	图集号	2021沪J111
	页	5

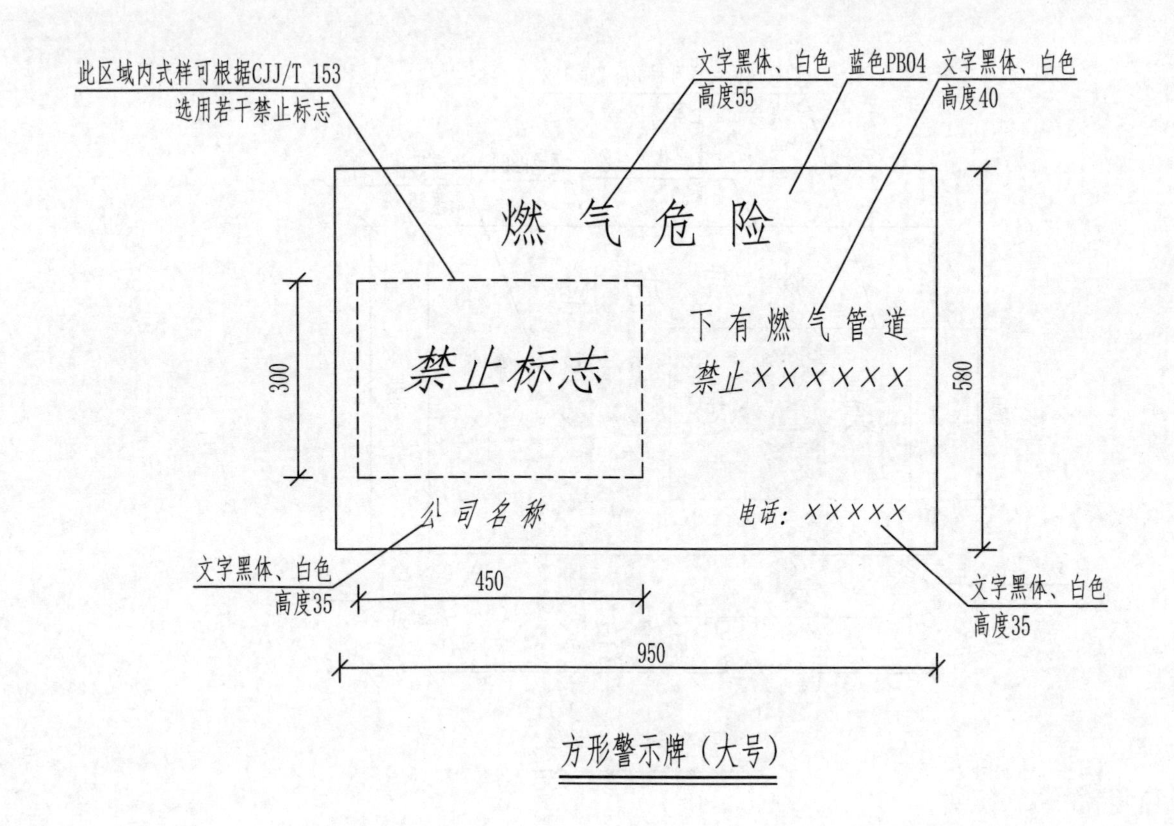

方形警示牌（大号）

注：1.材质采用不锈钢板或铝板。
2.警示牌上可根据现行行业标准《城镇燃气标志标准》CJJ/T 153 选用禁止标志。
3.警示牌上“禁止××××××”可根据所选用的禁止标志标注相匹配的内容。

地上标识——方形警示牌（大号）	图集号	2021沪J111
	页	6

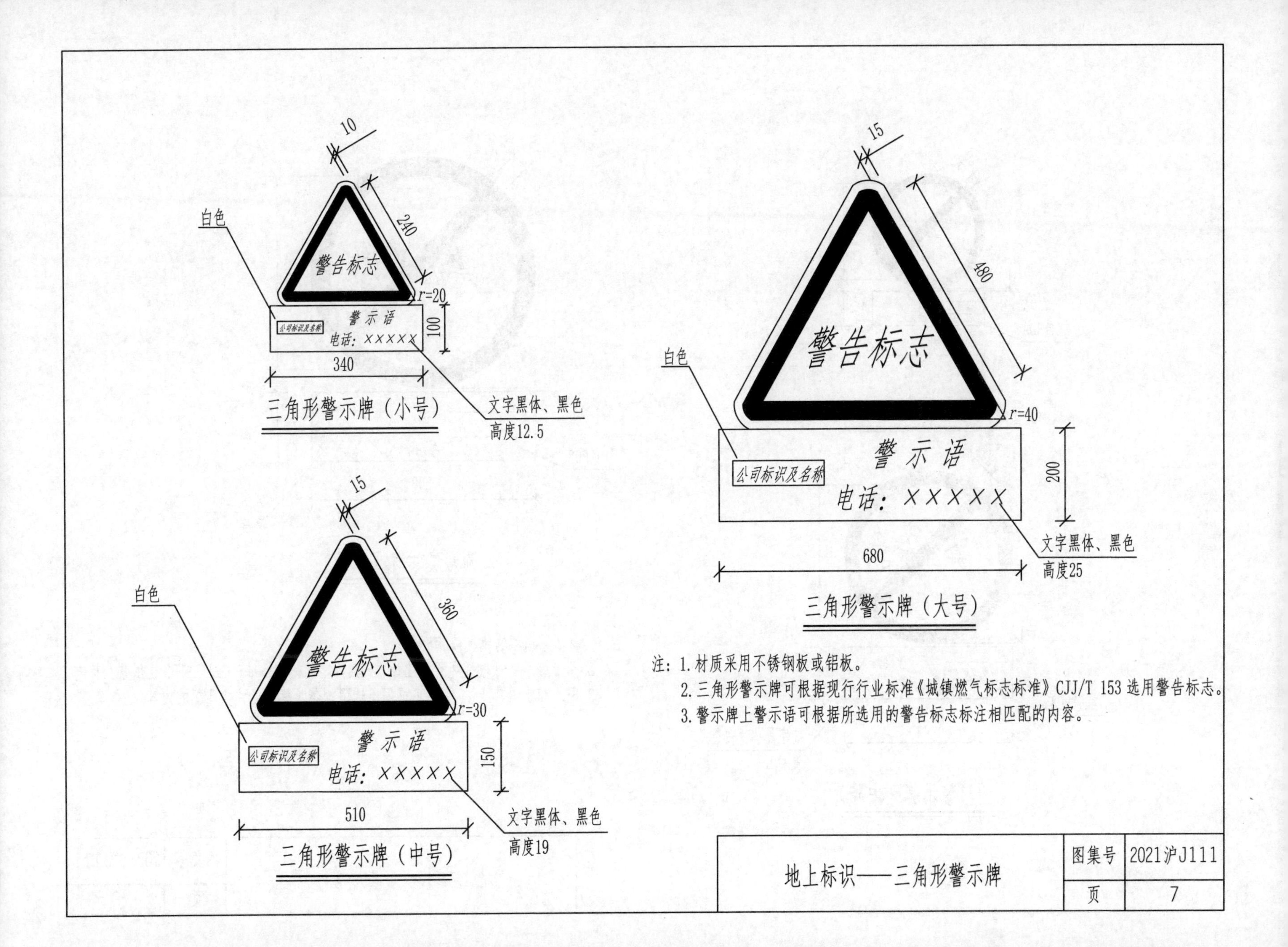

注：1. 材质采用不锈钢板或铝板。

2. 三角形警示牌可根据现行行业标准《城镇燃气标志标准》CJJ/T 153 选用警告标志。

3. 警示牌上警示语可根据所选用的警告标志标注相匹配的内容。

地上标识——三角形警示牌	图集号	2021沪J111
	页	7

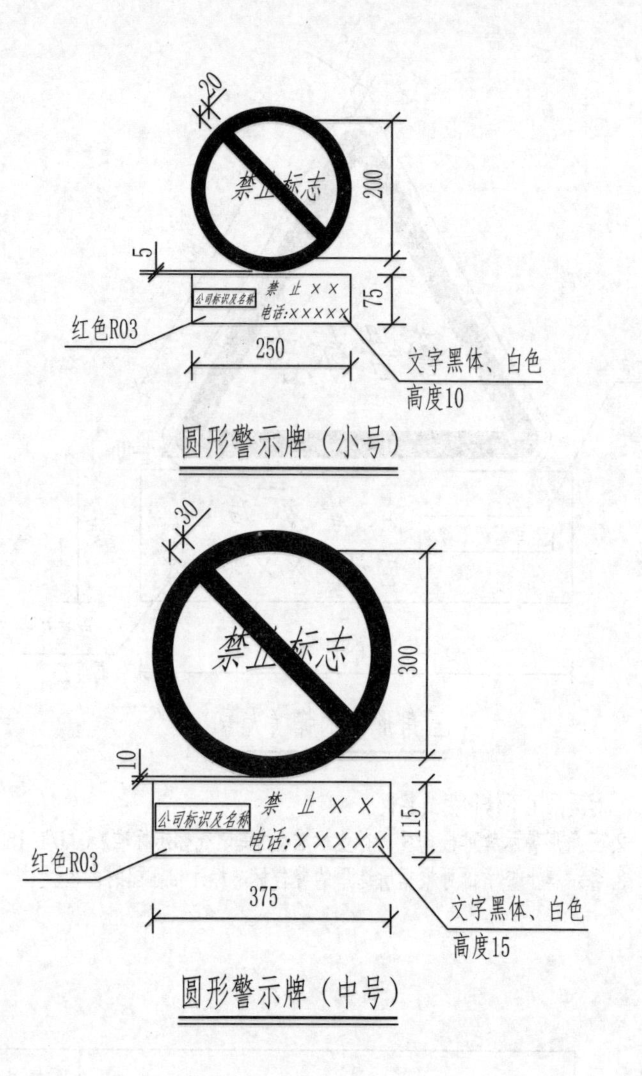

圆形警示牌（小号）

圆形警示牌（中号）

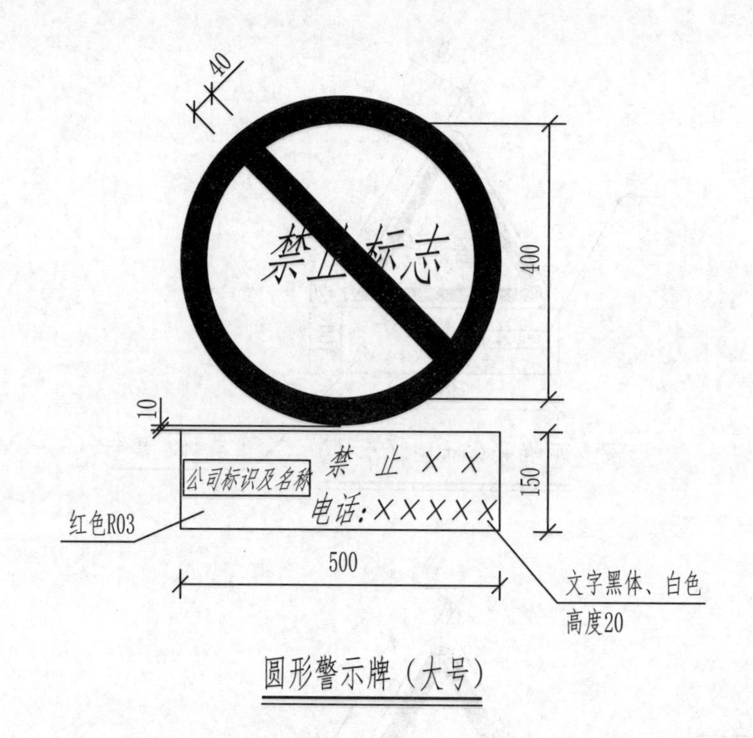

圆形警示牌（大号）

注：1.材质采用不锈钢板或铝板。

2.圆形警示牌可根据现行行业标准《城镇燃气标志标准》CJJ/T 153选用禁止标志。

3.警示牌上“禁止××”可根据所选用的禁止标志标注相匹配的内容。

地上标识——圆形警示牌	图集号	2021沪J111
	页	8

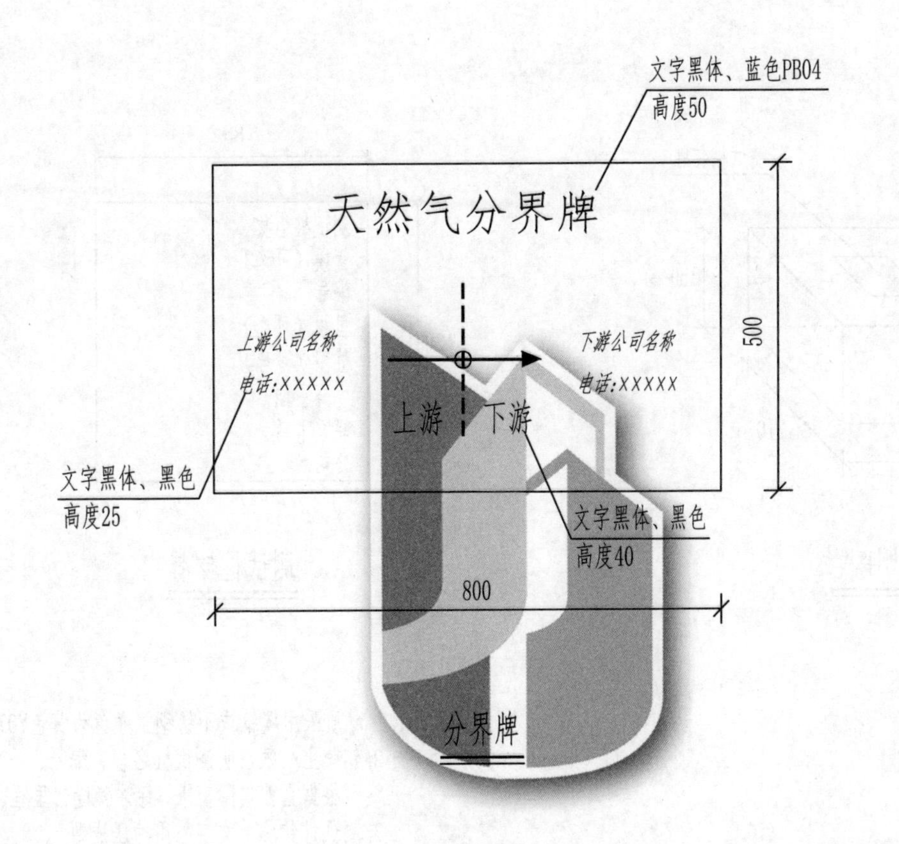

注：材质采用不锈钢板或铝板。

地上标识——分界牌	图集号	2021沪J111
	页	9

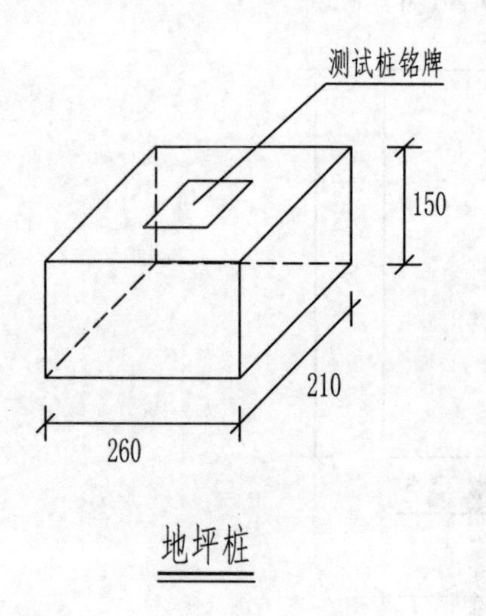

地坪桩

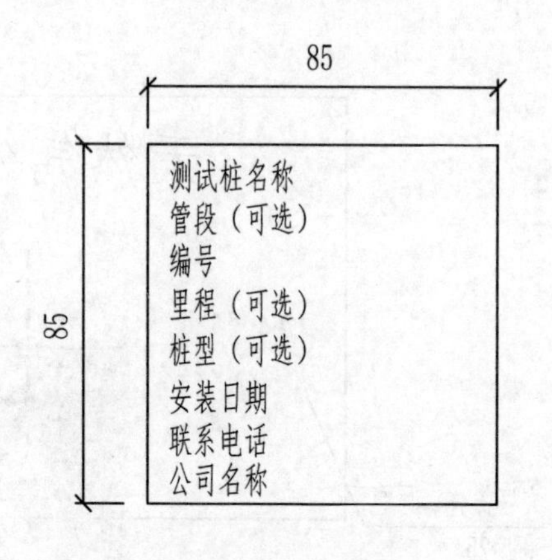

测试桩铭牌

注：1. 材质采用碳钢或不锈钢，颜色为黄色Y07。
2. 铭牌上必须注明测试桩名称、编号、安装日期、联系电话、公司名称；可根据企业实际需求，标注管段、里程、桩型等内容。
3. 测试桩铭牌上文字采用冲压成型。
4. 地下部分根据工程需要确定。

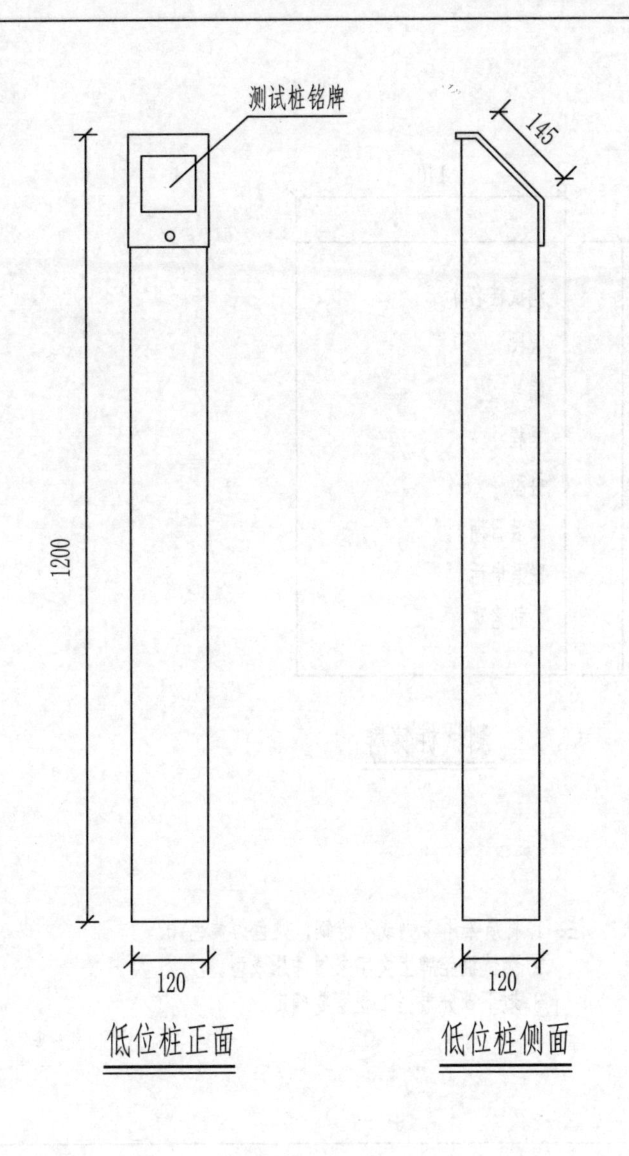

低位桩正面

低位桩侧面

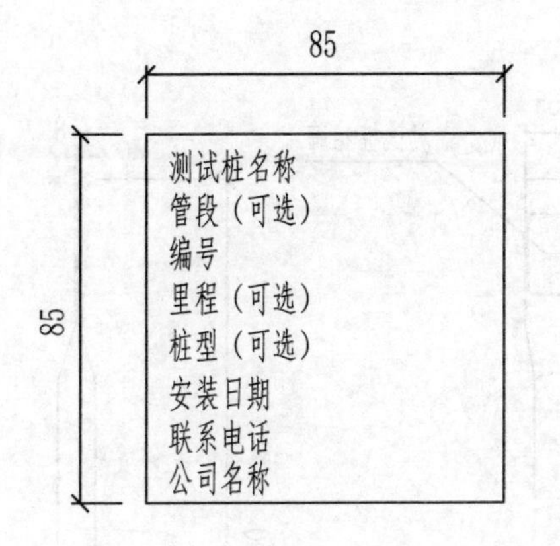

测试桩铭牌

注：1. 材质采用碳钢或不锈钢，颜色为黄色Y07。
2. 铭牌上必须注明测试桩名称、编号、安装日期、联系电话、公司名称；可根据企业实际需求，标注管段、里程、桩型等内容。
3. 测试桩铭牌上文字采用冲压成型。
4. 地下部分根据工程需要确定。

地上标识——测试桩（低位桩）	图集号	2021沪J111
	页	11

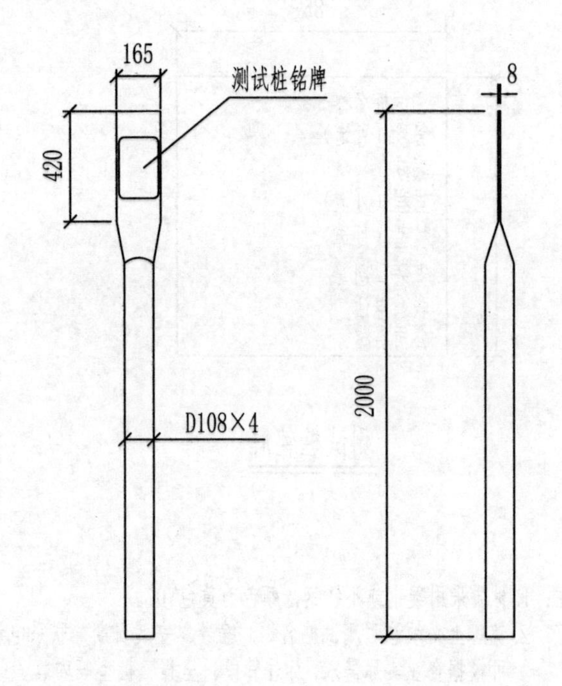

测试桩正面图

测试桩侧面图

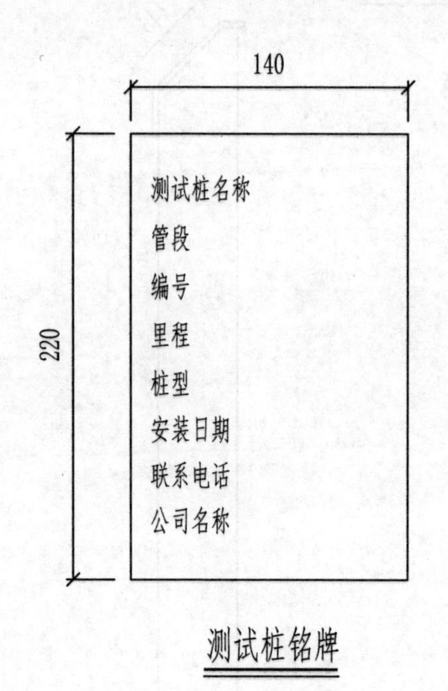

测试桩铭牌

注：1. 材质采用碳钢或不锈钢，颜色为黄色Y07。
2. 测试桩铭牌上文字采用冲压成型。
3. 地下部分根据工程需要确定。

地上标识——测试桩（高位桩）	图集号	2021沪J111
	页	12

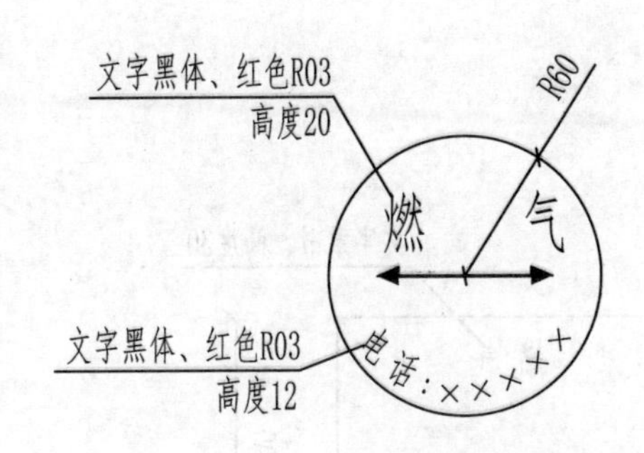

直线管段标识

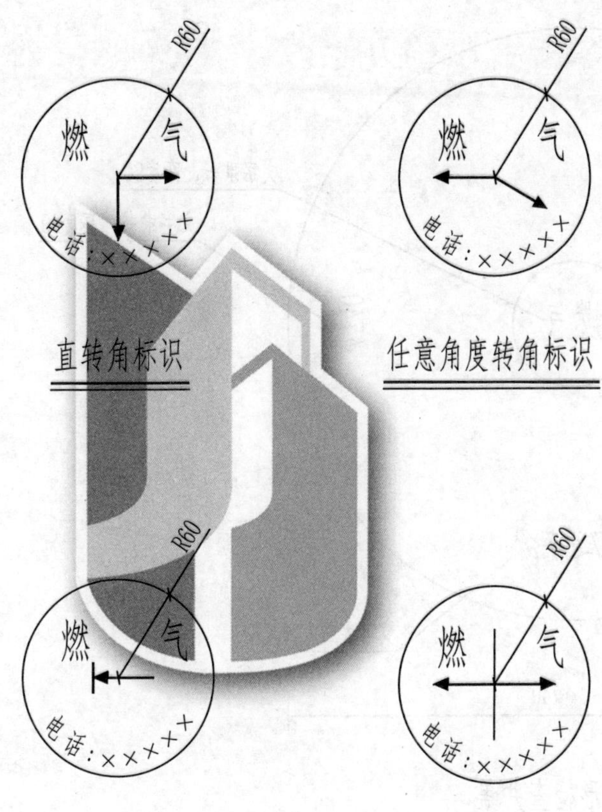

直转角标识

任意角度转角标识

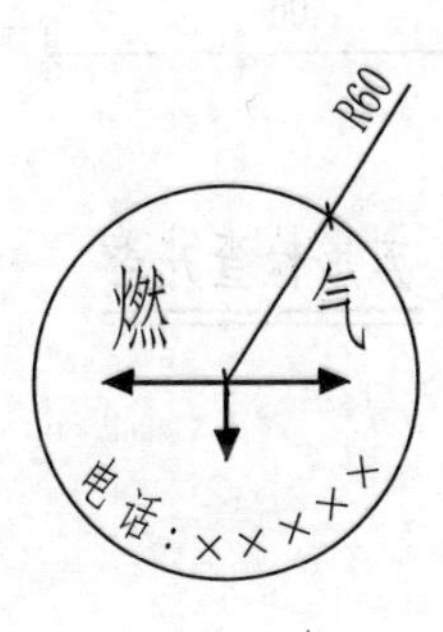

三通标识

末端标识

交叉标识

注：1. 材质为不锈钢等，文字采用凹凸压制工艺制作。
2. 特殊场合可结合设置标识处的地砖形式，以地砖标识形式设置路面标识。

地面标识——路面标识	图集号	2021沪J111
	页	13

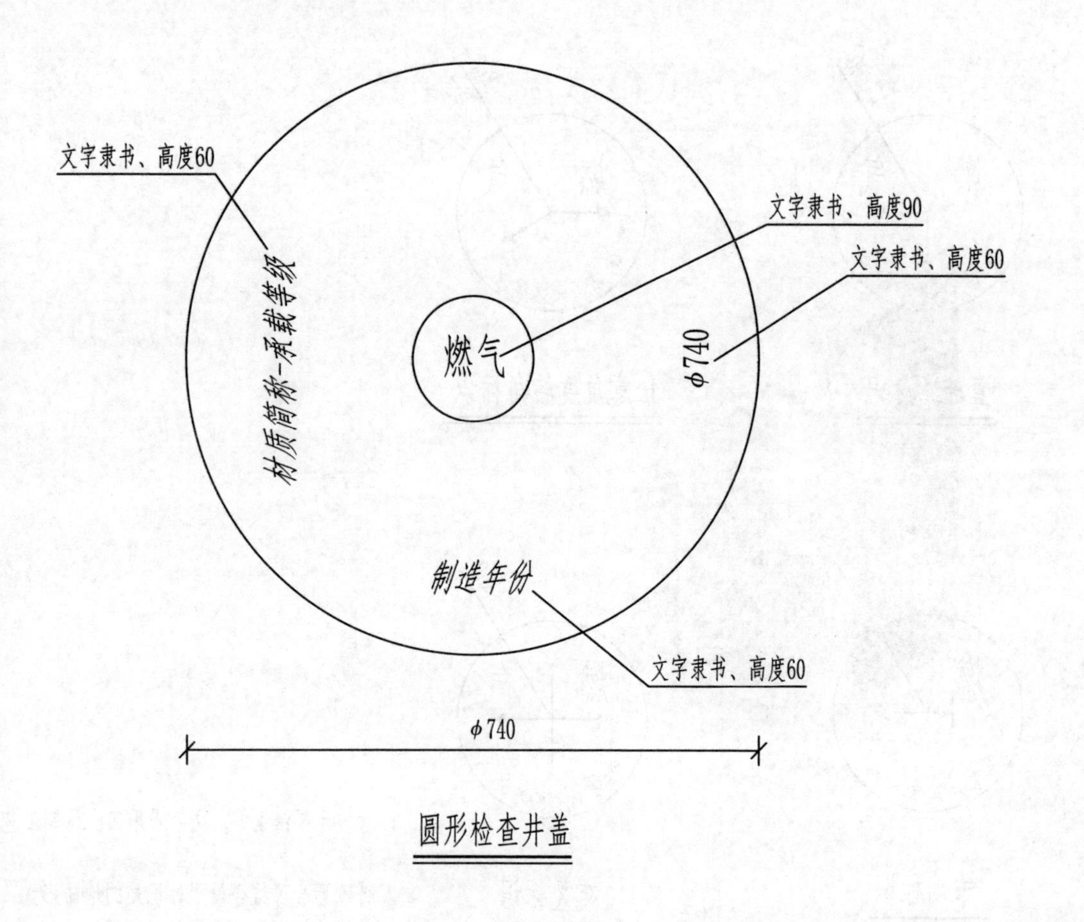

圆形检查井盖

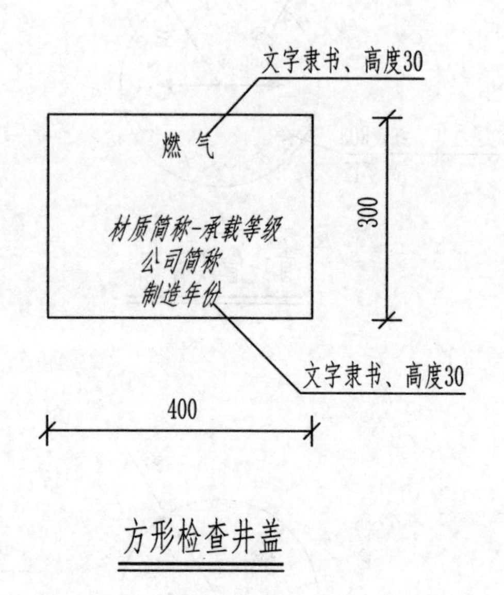

方形检查井盖

注：1. 材质可采用球墨铸铁、PVC、混凝土等。
2. 文字采用凹凸制作工艺。

地面标识——检查井盖（圆形、方形）	图集号	2021沪J111
	页	14

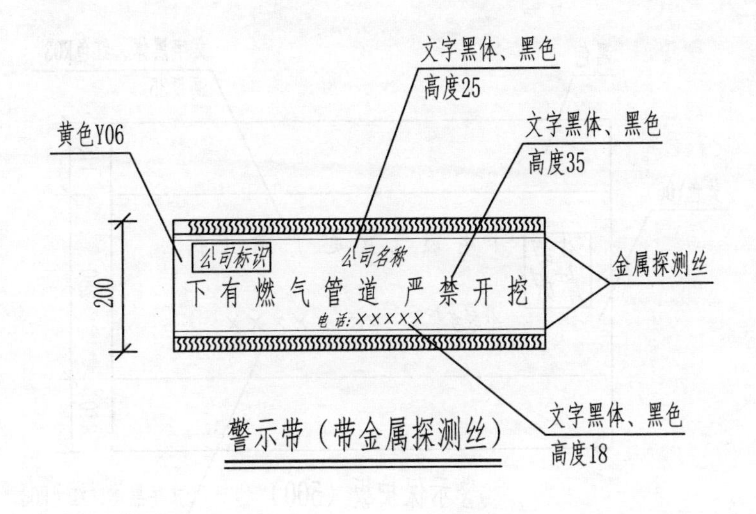

警示带（带金属探测丝）

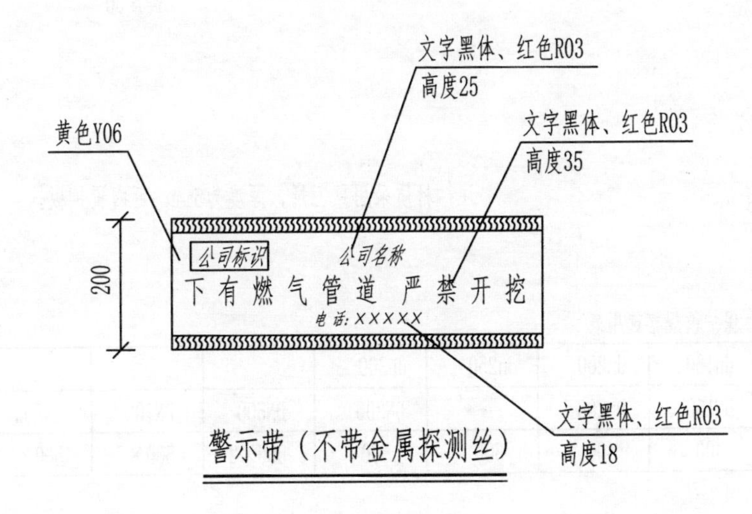

警示带（不带金属探测丝）

注：1.材质采用PP料带色母。

2.带金属探测丝：黄底黑字；不带金属探测丝：黄底红字。

3.大口径管道可选用2条警示带（详见下表）或根据管径调整警示带宽度。

警示带选用表

公称直径（mm）	≤400	>400
警示带条数	1	2
警示带间距（mm）	-	150

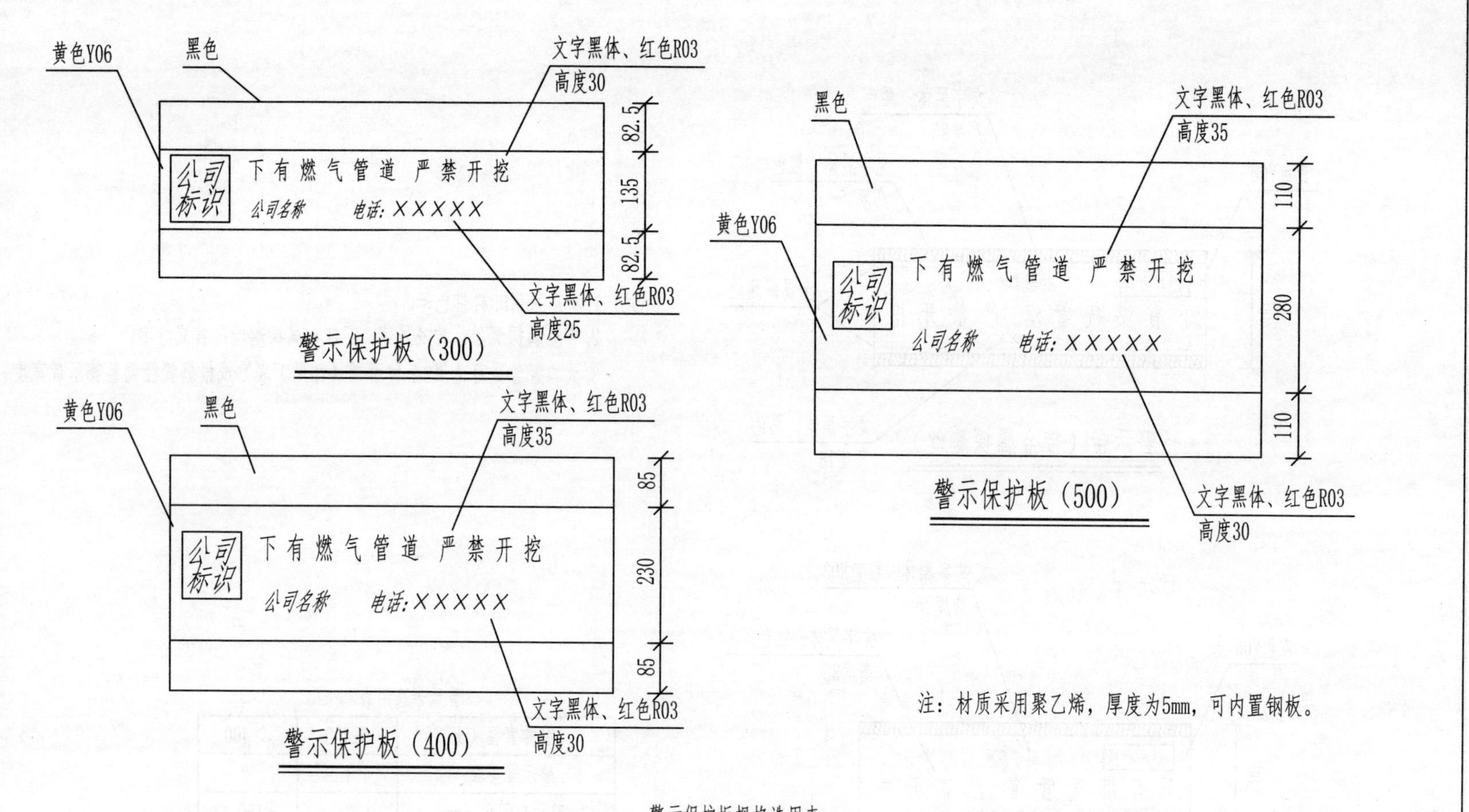

注：材质采用聚乙烯，厚度为5mm，可内置钢板。

警示保护板规格选用表

PE管	dn40	dn50	dn63	dn110	dn160	dn200	dn250	dn300	–	–	–
钢管	–	–	–	DN100	DN150	DN200	–	DN300	DN500	DN700	DN800
警示保护板规格（mm）	300	300	300	400	400	400	500	500	500×2	500×2	500×2

地下标识——警示保护板	图集号	2021沪J111
	页	16

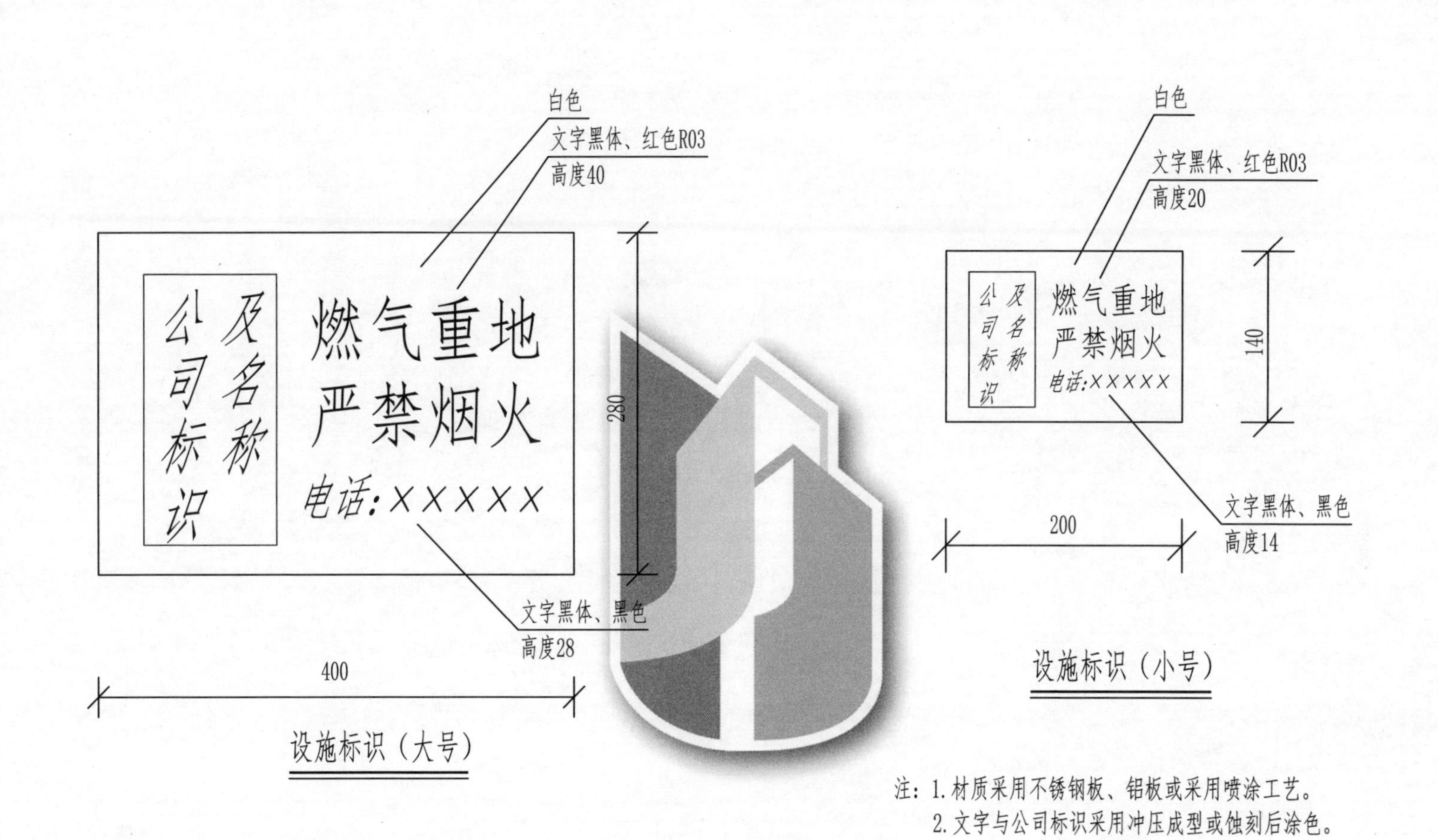

设施标识（大号）

设施标识（小号）

注：1. 材质采用不锈钢板、铝板或采用喷涂工艺。
2. 文字与公司标识采用冲压成型或蚀刻后涂色。

设施标识	图集号	2021沪J111
	页	17